Inhalt

Vorwort

Was Will Ich?

Diese Frage sollte sich jeder stellen, bevor er in hektische Aktivitäten verfällt, um ein größeres Vorhaben zu realisieren.

Ziele zu setzen bzw. Ziele so zu formulieren, dass diese klar und verständlich sind, ist der erste Schritt, um sicher zu stellen, dass die Realisierung der Selbigen auch wie gewünscht erreicht werden wird.

&

Ja, wenn wir davon überzeugt sind, dass die Formulierung der Ziele unser erster Schritt sein muss, dann können wir doch das Ganze mal etwas konkreter machen:

Wie Viel?

Schwammige Ziele lassen Raum für Interpretationen und Missverständnisse für alle am Projekt Beteiligten. Je konkreter wir für uns selbst formulieren, was genau wir wollen, desto einfacher und erfolgreicher können wir diese Ziele mit anderen kommunizieren. Und umso wahrscheinlicher wird es, dass Menschen, die wir für unser Ziel begeistern wollen, ein gemeinsames Bild vor Augen haben.

Im Verlauf eines Projektes hat dies zur Folge, dass wir immer das Ende, die Ergebnisse unserer Aktivitäten, klar und deutlich vor Augen haben müssen. Nur so sind wir in der Lage, den gewünschten Fokus auf das Wesentliche zu erreichen, Abweichungen vom Weg fest zu stellen und die nötigen Korrekturen vorzunehmen.

Je klarer und eindeutiger unser Bild vom Endresultat ist, sowohl in Hinsicht auf einzelne Projektphasen, als auch in Bezug auf das gesamte Projekt, desto zielgerichteter wird unser Vorgehen sein.

Wir wissen was erreicht werden soll und was benötigt wird, um dies zu erreichen.

Und wenn wir dies auch so umsetzen, werden wir die Ziele erreichen.

In den nachfolgenden Kapiteln werden die einzelnen Schritte für eine erfolgreiche Projektvorbereitung bis zum Projekt-Kick-Off -Meeting durchlaufen.

Wir beginnen aber mit dem Ende unseres Vorhabens!

Wir bestimmten zunächst ein Bild vom zukünftigen Resultat, d.h. was wird erreicht sein, nachdem wir das Vorhaben realisiert haben.

Auch für die Planung gehen wir zunächst ans Ende und beschreiben, ausgehend vom Endresultat, die zuvor benötigten Einzelresultate, aus denen sich das gewünschte Endergebnis zusammen setzten wird.

Hierbei werden die einzelnen Vorgehensweisen und Hilfsmittel praxisorientiert beschrieben und mit den entsprechenden Beispielen veranschaulicht.

Es wird bewusst nicht die ganze verfügbare Methoden-Palette wissenschaftlich beschrieben, sondern es werden möglichst einfache und praxiserprobte Vorgehensweisen aufgezeigt.

Hierdurch soll die Thematik anschaulich dargestellt werden, sodass diese auch einfach mit Beteiligten und Betroffenen kommuniziert und anschaulich erklärt werden kann.

Juni 2013

© Andreas Ketter

www.pm-profi.de

Einleitung

Nachstehend wird das Vorgehen bei Projekten, die im Auftrag eines externen Kunden ausgeführt werden, beschrieben. Wie in nachfolgender Grafik dargestellt, lassen sich hierbei 2 Fälle unterscheiden:

1. Fall: Der Projektleiter ist bereits während der Akquisition beteiligt.

2. Fall: Der Projektleiter wird erst eingeschaltet, wenn der Kundenauftrag erteilt worden ist.

Im ersten Fall verfügt der Projektleiter, abhängig von seiner Rolle während der Akquisition, schon über viele Detailinformationen bzgl.

- der Projektinhalte,

- Ziele,

- Stakeholder,

- Chancen & Risiken.

Dies vereinfacht den Projektstart, da die Teile der Auftragsklärung, die der Projektleiter quasi mit sich selbst klären müsste, in der Praxis wegfallen.

Die Rolle eines Projektleiters während der Akquisition beinhaltet hinsichtlich der Projektmanagement Aufgaben meist weniger (er ist z.B. nicht endverantwortlich für die Auftragsakquisition) oder höchstens den gleichen Umfang (er ist endverantwortlich für die Akquisition des Auftrages) und braucht deshalb nicht auch noch beschrieben zu werden.

Aus diesem Grund wird nachstehend der 2. Fall betrachtet.

D.h. der Projektleiter wird erst bei der Auftragserteilung hinzugezogen und wird dann das ganze Programm, inkl. einer vollständigen Auftragsklärung, durchlaufen.

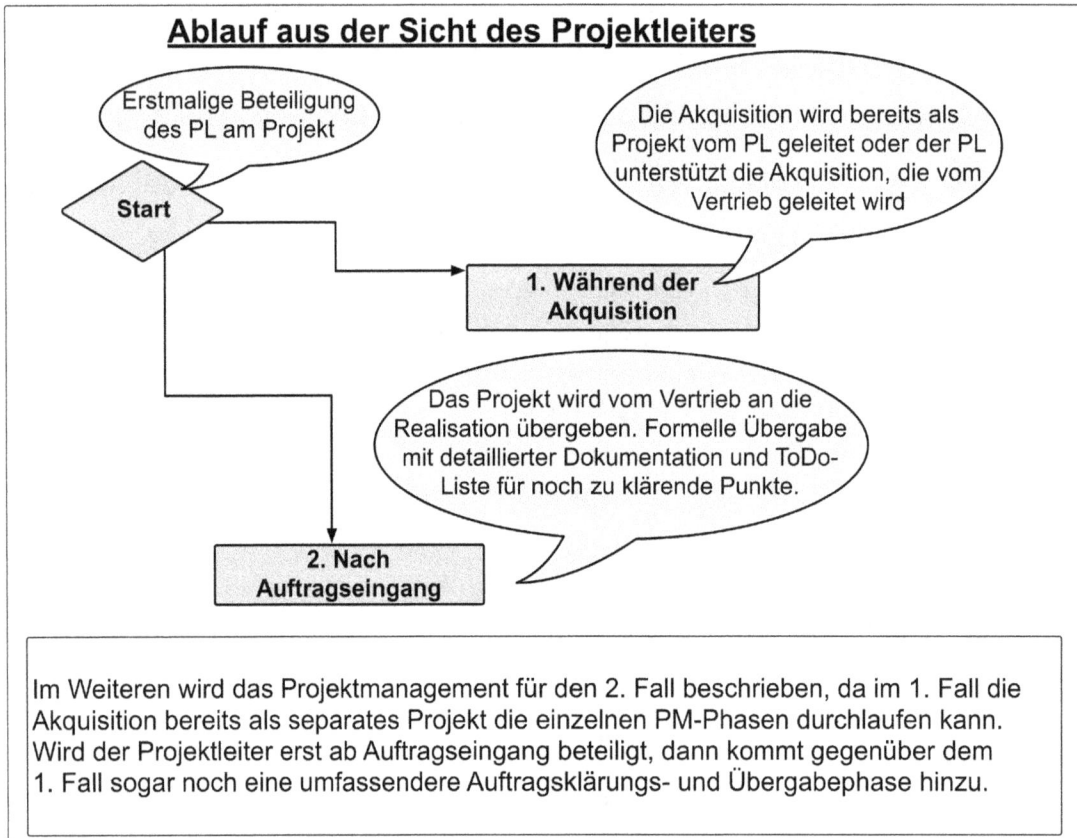

Ablauf aus der Sicht des Projektleiters

Erstmalige Beteiligung des PL am Projekt

Die Akquisition wird bereits als Projekt vom PL geleitet oder der PL unterstützt die Akquisition, die vom Vertrieb geleitet wird

Start

1. Während der Akquisition

Das Projekt wird vom Vertrieb an die Realisation übergeben. Formelle Übergabe mit detaillierter Dokumentation und ToDo-Liste für noch zu klärende Punkte.

2. Nach Auftragseingang

Im Weiteren wird das Projektmanagement für den 2. Fall beschrieben, da im 1. Fall die Akquisition bereits als separates Projekt die einzelnen PM-Phasen durchlaufen kann. Wird der Projektleiter erst ab Auftragseingang beteiligt, dann kommt gegenüber dem 1. Fall sogar noch eine umfassendere Auftragsklärungs- und Übergabephase hinzu.

Welche Dokumente/Formulare sollten nun zur Übergabe zur Verfügung stehen?

Um die eigenen Projekt-Ziele formulieren zu können, werden die folgenden Dokumente benötigt:

- **Angebote** (alle Versionen inkl. aller Anlagen), die Kundenanfrage sowie der Kundenauftrag (inkl. aller Anlagen und Ergänzungen).

- **Kommunikation / Schriftverkehr (intern/extern)**, d.h. alle Verhandlungs-protokolle, der vertragsrelevante Schriftverkehr sowie Gesprächs- Telefon- und Aktennotizen.

- **Alle Kalkulationen**

- **Die wichtigsten Angebote** von Lieferanten und Subunternehmen.

- **Die Stakeholderanalyse**

- **Die Chancen- & Risiko- Analyse** aus der Angebotsphase.

- **Die Meilensteinplanung**

- **Die (Grob-) Terminplanung**, soweit vorhanden.

Hieraus lassen sich:

- Die **Auftragseingangs- und Zielkalkulation** entwickeln und damit die Grundlage für ein realistisches Projektbudget.

- Ein **Projektsteckbrief** zur Kommunikation mit allen Projektbeteiligten z.B. für das Projekt-Kick-Off-Meeting entwickeln.

- Eine **grobe Fassung des Projektplanes** erarbeiten, der letztlich die Grundlage für alle Projekt-Aktivitäten sein wird.

- Das Formular für die **Projektleiter Zielvereinbarung** vervollständigen.

- Ableiten, ob und welche **Experten** (wie Juristen, zur Überprüfung bestimmter Vertragselemente) noch vor Auftragsbestätigung bzw. Vertragsunterzeichnung eingeschaltet werden müssen.

- Der Inhalt für eine evtl. noch nicht erfolgte **Auftragsbestätigung** formulieren.

Nachstehende Checkliste ist noch um einige Punkte ergänzt und kann zur Bestandsaufnahme bei der Übergabe verwendet werden.

Projekt Start & Übergabe Checkliste

- Projektbeschreibung, Ziele, Nutzen

- Projektinhalte, Struktur, Schnittstellenabgrenzungen

- Termine, Milestones

- Projektbudget, Auftragskalkulation, Projektcontrolling

- Chancen und Risiken

- Organisation und Team

- Projektumfeld und Stakeholder

- Projektbesprechungen

- Projektstatusberichte

- Kommunikation und Eskalation

- Besondere Anforderungen und Vorgaben

Die nächste Checkliste gibt eine Übersicht über den Status aller für das Projekt relevanten Dokumente und bietet die Möglichkeit, zusätzliche Detail-Informationen zu erfassen.

Wesentlich ist, schnell zu erkennen, welche Dokumente überhaupt vorhanden sind und ob diese vollständig und aktuell sind.

Dokumente, bei welchen die Fragen "vorhanden, vollständig, aktuell" nicht mit ja beantwortet werden können, ist zu entscheiden, ob und welche Aktionen durchzuführen sind.

Zugehörige Aktionspunkte sollten schriftlich festgelegt und überwacht werden.

Hierbei ist eindeutig anzugeben, was bzgl. der diversen Dokumente passieren soll und wer dies bis zu welchem Zeitpunkt zu erledigen hat.

Dokumentencheckliste

Projektname	**Musterprojekt in**			
Projektnummer	**XXXXXXXXXXXXXXX**			
Datum				

35%	7 von 20 Dokumente nicht vorhanden
46%	6 von 13 Dokumente nicht aktuell
69%	9 von 13 Dokumente nicht vollständig

Projektleiter: **Max Mustermann**
Telefon +49 xxxxxx xxxxxxxx
E-Mail max.mustermann@musterman

PROFI

	Dokumente	Bemerkungen
1.0	Vertrag	
1.1	Milestones	
1.2	Endtermin	
1.3	Terminplan	
1.4	Schnittstellenabgrenzung	
1.5	Zahlungsplan	
1.6	Chancen & Risiko Analyse	
1.7	Stakeholder Analyse	
1.8	SWOT Analyse	
1.9	Organisationsplan intern	
1.10	Organisationsplan exten	
1.11	Kommunikationsplan	
1.12	Reportingstruktur	
1.13	Statusberichte	
1.14	Zeichnungen	
1.15	Leistungsverzeichnisse	
1.16	Vorschriften / Richtlinien	
1.17	Projektsteckbrief	
1.18	Projektleiter Zielvereinbarung	
1.19	Projektmitarbeiter Zielvereinbarungen	
1.20	...	

Der Projektleiter sollte nach der Bestandsaufnahme unbedingt die folgenden beiden Dokumente, die für seine Aufgabenstellung und den Erfolg des Projektes besonders wichtig sind, als Erstes erstellen:

- den Projektplan (ggf. zunächst nur grob)

- die Projekt-(Leiter/Manager) Zielvereinbarung

Beide Dokumente sind voneinander abhängig, werden jedoch in der Regel nicht gleichzeitig erstellt und unterzeichnet.

In den Projektplan müssen alle Elemente aufgenommen werden, wodurch die Erreichbarkeit der Ziele, die in einer bereits getroffenen Projekt-Manager-Zielvereinbarung vereinbart wurden, als realistisch angenommen werden können.

Umgekehrt können nur die Ziele in eine Projekt-Leiter-Zielvereinbarung aufgenommen werden, für welche, anhand eines bereits vorhandenen Projektplanes, die Erreichbarkeit als realistisch angenommen werden kann.

Häufig wird vor dem eigentlichen Projektstart zuerst über die Ziele gesprochen und es finden ggf. noch Anpassungen bzgl. der Zielvorstellungen statt.

Es empfiehlt sich dann zu vereinbaren, dass ein eventuell vorhandener Projektplan entsprechend der getroffenen Zielvorgaben angepasst wird, bzw. dass ein noch zu erstellender Projektplan so erarbeitet wird, dass die Ziele erreicht werden können.

Der Projektplan

Der Projektplan ist das Herzstück für das gesamte Projekt.

Projektinhalte, Termine, Struktur, Organisation, Stakeholder, Chancen und Risiken, Schnittstellenabgrenzung, Budget, Besonderheiten, wesentliche vertragliche Vereinbarungen werden dort zusammengefasst.

Der Projektplan ist die Richtschnur für die gesamte Projektbearbeitung; gibt Aufschluss über das was, wie und wann der zu liefernden Resultate und damit der hierzu benötigten Aktivitäten.

Abhängig vom Umfang und der Komplexität eines Projekts, fällt der Projektplan entsprechend kürzer oder länger aus.

Es sollte in diesem Plan keine wissenschaftliche Zerlegung des Projektes stattfinden, sondern eine Fokussierung auf die wichtigsten Kenngrößen.

Diese sollten objektiv, eindeutig, transparent, verständlich und übersichtlich dargestellt werden.

Die Beschreibung sollte ein klares Bild von den erwarteten Resultaten liefern.

Die Kenngrößen sollten objektiv messbar sein, um während der Projekt-Ausführung eine realistische Einschätzung des Fortschrittes zu erhalten und die Angaben hierzu überprüfbar zu machen.

Der Projektplan muss gut und ansprechend strukturiert und formuliert sein, da ihn alle Beteiligten auch wirklich lesen und begreifen sollten.

Darüber hinaus sollte eine regelmäßige Aktualisierung des Inhaltes, entsprechend den jeweils aktuellen Erkenntnissen, die sich im Laufe des Projektes ergeben, stattfinden.

Wann welche Aktualisierungen durchzuführen sind, sollte direkt im Projektplan festgelegt werden

> z.B. alle x Monate Update der Chancen- und Risikoanalyse inkl. Überprüfung des Effektes der genommenen bzw. eingeleiteten Maßnahmen.

In der Regel kann ein einmal gut ausgearbeiteter Projektplan, als Mustervorlage für zukünftige Projekte, in großen Teilen wiederverwendet werden.

Nachstehend finden Sie eine Kurzversion eines Projektplanes, der als erste grobe Planunterlage dienen kann.

Projekt Plan

Projektname:

Auftragsnummer:

Verteiler:

Name	Funktion	E-Mail	Telefon
....	....	....	....
....	....	....	....

Erstellt von: Max Muster, Projektleiter

Datum: Unterschrift:

Freigegeben von: Franz Boss, Abteilungsleiter

Datum: Unterschrift:

Projektbeschreibung

- Auftraggeber

- Projektinhalte

- Projektziele / Erwarteter Nutzen

Termine & Meilensteine

- Projektstart / Projektende

- Projektphasen Start / Ende

- Meilensteine

Kosten

- Gesamtwert

- Material / Lohn

- Eigen / Fremd

- Zahlungsplan / Abrechnung

Qualität

- Qualitätsanforderungen

- Qualitätsmanagement

- Arbeitssicherheit und Umweltschutz

Information / Kommunikation

- Besprechungen intern / extern

- Statusberichte

- Mitkalkulation / Monitoring

Projekt Organisation

- Projektteam intern / extern

- Rollen / Verantwortlichkeiten / Befugnisse

- Zielvereinbarungen

Umgebungs-/Stakeholderanalyse

- Direkte Projektumgebung:

  o Interessen, eventuelle Unterstützung & Widerstände

- Indirekte Projektumgebung:

  o Interessen, eventuelle Unterstützung & Widerstände

Chancen & Risiken

- Chancen, Eintrittswahrscheinlichkeit, Impact, Maßnahmen

- Risiken, Eintrittswahrscheinlichkeit, Impact, Maßnahmen

Entsprechende Anlagen bzw. separate Dokumente für einzelne Unterpunkte sollten hinzugefügt werden.

Die Projekt-Zielvereinbarung

In der Zielvereinbarung werden die vom Projektleiter zu erreichenden Ziele sowie die dazugehörigen Voraussetzungen, Befugnisse und Pflichten exakt festgelegt.

Darüber hinaus wird auch die Gewichtung der einzelnen Zielgebiete festgelegt, sodass hierdurch auch eine entsprechende Priorisierung vorgegeben wird.

Nicht nur die Rolle des Projektleiters, sondern auch die seines direkten Vorgesetzten während des Projektes, wird festgelegt.

Alle Festlegungen gelten nur für das jeweilige Projekt.

Damit kann eine zeitlich andere Rollenverteilung, gegenüber der in der Linienorganisation normalerweise geltenden Rollenverteilung, entstehen.

Auch die Eskalationswege werden festgelegt und i.d.R. wird für große bzw. komplexe Projekte ein Lenkungsausschuss als übergeordnetes Organ festgelegt.

Im Kapitel "Die Projekt Manager Zielvereinbarung" finden Sie ein ausführliches Beispiel für die Abfassung einer Zielvereinbarung.

Ziele

Die klassischen Resultatsgebiete

Nachstehend sind die "klassischen" Resultatsgebiete, aus denen der Projekterfolg abgeleitet wird, dargestellt.

Für diese sind dann einzelne Zielgrößen zu vereinbaren.

Für die Projektsteuerung werden diese Messgrößen überwacht und bei eventuellen Abweichungen kann gezielt gegengesteuert werden.

Resultatsgebiete

P^M
PROFI

Resultate

Finanziell	Terminlich	Qualitativ
⊚ Realisierung von Profitvorgaben	⊚ Realisierung von Terminvorgaben	⊚ Realisierung von Eigenschafts-vorgaben
⊚ Einhaltung eines Kostenbudgets	⊚ Einhaltung von Ablaufreihenfolgen	⊚ Einhaltung von Kennwerten

★ Beurteilung der Resultate anhand von pos./neg. Abweichungen gegenüber den Bezugswerten.

★ Bezugswerte lassen sich aus den jeweiligen Zielen ableiten.

★ Aufwand und Ablauf ergeben sich aus der Start- und Zielbestimmung.

Die modernen Resultatsgebiete

Heutzutage sind alle Aktivitäten darauf ausgerichtet, die Stakeholder zufrieden zu stellen. Natürlich nicht unter Vernachlässigung oder zu Lasten der klassischen Ziele.

D.h. es ist in der Regel nicht das Ziel, finanzielle Verluste in Kauf zu nehmen und die Stakeholder um jeden Preis zufrieden zu stellen; aber es ist in der Regel auch nicht das Ziel, höchstmögliche finanzielle Resultate zu Lasten der Stakeholderzufriedenheit zu realisieren.

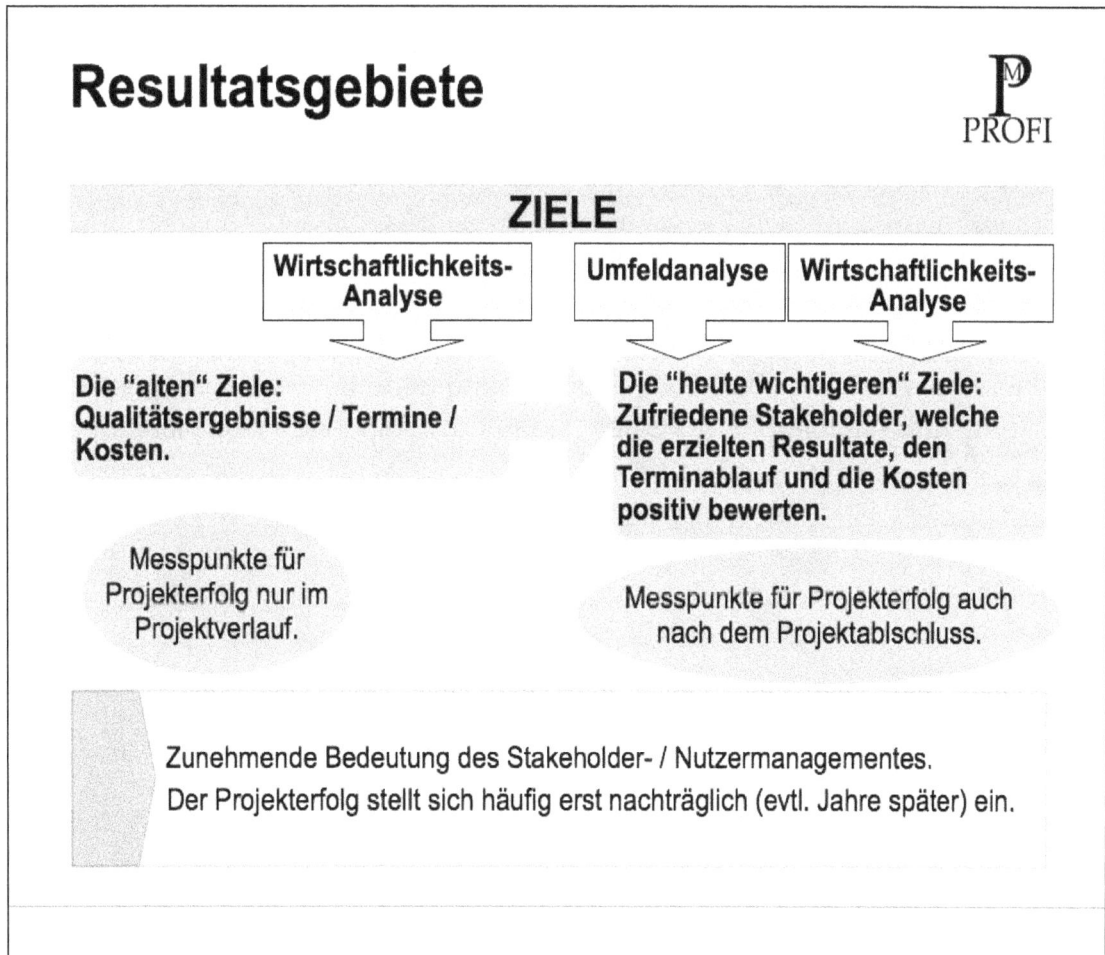

Resultatsgebiete

P^M
PROFI

ZIELE

| Wirtschaftlichkeits-Analyse | Umfeldanalyse | Wirtschaftlichkeits-Analyse |

Die "alten" Ziele: Qualitätsergebnisse / Termine / Kosten.

Die "heute wichtigeren" Ziele: Zufriedene Stakeholder, welche die erzielten Resultate, den Terminablauf und die Kosten positiv bewerten.

Messpunkte für Projekterfolg nur im Projektverlauf.

Messpunkte für Projekterfolg auch nach dem Projektabschluss.

Zunehmende Bedeutung des Stakeholder- / Nutzermanagementes.
Der Projekterfolg stellt sich häufig erst nachträglich (evtl. Jahre später) ein.

Start und Zielpunkt bestimmen

Um eine möglichst realistische Planung eines Vorhabens zu erhalten, ist es absolut notwendig, sowohl den Startpunkt als auch den Zielpunkt möglichst objektiv und exakt zu definieren.

Da der Startpunkt auch die Kompetenz, die Erfahrung, d.h. das "was können wir alles" etc. betrifft, besteht hier vor allem die Gefahr, dass die Ausgangssituation zu positiv angenommen wird.

Bzgl. des Zielpunktes wird hingegen eher das ein und andere vergessen, bzw. die Komplexität und die Ansprüche an die Realisierung unterschätzt.

Da der Projektplan die Wegbeschreibung zwischen Start und Ziel darstellt, wird sich das wirkliche Ziel nur dann erreichen lassen, wenn geeignete Meßkriterien kontinuierlich Auskunft über die Zielabweichung geben und entsprechende Kurskorrekturen durchgeführt werden, siehe nachstehende Darstellung.

Fehlbewertung bzgl. des Start- und Zielpunktes

Beispiel: Eigene Kompetenzen werden z.B. zu hoch eingeschätzt und
an die zu liefernden Resultate werden z.B. zu geringe Anforderungen gestellt

Die Navigation wird falsch programmiert !

Ziel
falscher Zielpunkt
direkter Weg
Wegbestimmung aufgrund falscher Einschätzung von Start und Ziel
falscher Startpunkt
Start
Resultierende Zielabweichung
tatsächlicher Ablauf (Parallelverschiebung der falschen Wegbeschreibung)

- Startpunkt zu hoch eingeschätzt
- Zielpunkt zu niedrig eingeschätzt
- Das wirkliche Ziel wird verfehlt

Resultat: fortlaufend steigender Korrekturaufwand

Start und Ziel objektiv und genau bestimmen

Voraussetzungen:

-> Gründliche **Auftragsklärung** vor Projektplanung

-> Vollständige und aktuelle **Dokumente**

-> Intensive **Kommunikation**

Um den Korrekturaufwand und die Kosten für Fehlleistungen und Korrekturmaßnahmen gering zu halten, zahlt sich eine intensive und gründliche Untersuchung und Bewertung zur Bestimmung von Start und Ziel aus.

Startpunkt bestimmen

P^{M}P
PROFI

Startpunkt		
Stärken/Schwächen	**Stakeholder**	**Chancen/Risiken**
◉ Identifizierung der eigenen Stärken und Schwächen, die Einfluß auf die gewünschten Resultate haben können. ◉ Die sich hieraus ergebenden Chancen und Risiken in die Chancen/Risiken-Analyse übernehmen.	◉ Identifizierung der Gruppen, Institutionen, Personen, die Interessen an den Resultaten haben, bzw. von den Resultaten betroffen werden. ◉ Bewertung des jeweiligen Einflusses und ob dieser sich positiv oder negativ auf die gewünschten Resultate auswirken kann. ◉ Ableiten von geeigneten Maßnahmen.	◉ Bewertung des jeweiligen Einflusses auf Profitniveau. ◉ Bewertung der Wahrscheinlichkeit. ◉ Festlegen von Maßnahmen incl. Bewertung der zugehörigen Kosten. ◉ Bewertung des resultierenden Profitbetrages nach Maßnahmen.

★ Dokumente gründlich prüfen und bewerten: Was fehlt? Was ist unvollständig? Was ist nicht aktuell? Welche Inhalte sind nicht eindeutig, d.h. klärungsbedürftig?

★ Zugehörige Aktionsliste festlegen.

Zielpunkt bestimmen

P^{M}P
PROFI

Zielpunkt		
Finanzen/Termine/Qualität	**Nutzen**	**Teilziele**
◉ Lösungen für konfliktierende Ziele finden. ◉ Gegenseitige Abhängigkeit der Ziele/Zielkategorien transparent machen. ◉ Geeignete Messindikatoren bestimmen und festlegen wo, wann, wie und von wem die Messwerte erfasst werden.	◉ Fragestellung: welcher Nutzen soll wofür erreicht werden? ◉ Hieraus kann rückwärts gefolgert/überprüft werden: was kann dann Ziel sein und was nicht? ◉ Damit können die Zieldefinitionen und Maßnahmen entsprechend bestimmt/angepaßt werden.	◉ Falls das Gesamtziel nur grob definiert ist: Focus auf erste Teilziele/Milestones. ◉ Im Laufe der Zeit das Gesamtziel immer konkreter formulieren. ◉ Der Focus bleibt auf den Zwischenzielen/Milestones, etwaige Konflikte mit dem Gesamtziel sofort klären.

★ Intensive Kommunikation und kontinuierliches Feedback sind für eine genaue Zielbestimmung erforderlich.

★ Missverständnisse und schlechte Informationen verursachen Zeitverlust, Kostenerhöhungen und Unzufriedenheit.

Die festgestellten Projektziele werden in den Projektplan und die dazugehörigen persönlichen Ziele werden in die Zielvereinbarung für den Projektleiter übernommen.

Der Projektplan ist kein statisches Dokument.

Im Laufe des Projektes ergeben sich fortlaufend neue Erkenntnisse, werden Änderungen vorgenommen und ergeben sich neue bzw. veränderte Umgebungsfaktoren.

Die hieraus resultierenden Konsequenzen für das geplante Vorhaben sind durch eine entsprechende Aktualisierung in den Projektplan zu übernehmen.

Nur so kann der Projektplan während der gesamten Projektlaufzeit als zentraler Leitfaden für alle Beteiligten funktionieren.

Durch die Zielvereinbarung und den Projektplan wird Klarheit bzgl. des Vorhabens geschaffen und ein Commitment der Verantwortlichen bzgl. der zur Projektrealisierung benötigten Ressourcen erreicht.

Projektvorbereitung

Genehmigter Projektplan

&

Ziel-Vereinbarung

Abgestimmte, klare und eindeutige Ziele

Erfolgs-faktoren

gesicherte Ressourcen

Vermeiden von Missverständnissen. Beteiligte haben die gleichen Erwartungen

Realistische Terminplanung

Projekt-Ziele sind: realistisch, vollständig, verständlich, messbar, nachprüfbar, resultatsorientiert und widerspruchsfrei

★Projektmanagementerfahrung auf der Leitungsebene ist wünschenswert.

★Der Projektstart darf erst nach ausreichender Planung freigegeben werden.

★Sichtbares Commitment der obersten Leitung ist, je nach Bedeutung des Projektes, für dessen Erfolg erforderlich.

Die Projekt Manager Zielvereinbarung

Projekt Beginn: (Plan-) Projekt Ende:

Projekt Kategorie: (z.B.: klein, mittel, groß/komplex)

Festlegung der Verantwortlichkeiten & Befugnisse sowie der Laufzeit der Vereinbarung

Nachstehend wird die Abkürzung PM/PL und Leiter PM verwendet.

PM/PL: Projektmanager/Projektleiter, d.h. der Endverantwortliche für das Projekt.

Leiter PM: Der Vorgesetzte des Projektmanagers/Projektleiters

Projekt Manager Verantwortlichkeiten

Der PM/PL:

- Unterstützt bei der Angebots- und Verhandlungsphase des Projektes.

- Ist gesamtverantwortlich für die Ausführung der Lieferung, Inbetriebnahme und Übergabe.

- Sorgt für die Sicherstellung des technischen und wirtschaftlichen Projekterfolges inkl. Kostenmanagement und Profit-Optimierung.

- Sorgt für Planung und Abwicklung, Vor-Ort-Bestandsaufnahme und Vor-Ort-Inspektionen.

- Führt und coacht die Projektmitarbeiter.

- Führt regelmäßige Projekt-Reviews durch, inkl. Dokumentation & Weiterleitung der „Lessons Learned".

- Stellt eine gezielte Kommunikation innerhalb des Projektteams und mit allen relevanten Akteuren sicher.

- Führt ein kontinuierliches Projekt-Controlling durch und liefert eine regelmäßige Berichterstattung, (in Detail festzulegen: Frequenz & Berichtsvorlage).

- Führt regelmäßige Projekt-Status-Review-Meetings mit dem Leiter des PM durch sowie separate Lessons Learned Workshops (in Detail festzulegen: Frequenz & minimale Agenda & Prozess & Berichtsvorlage).

- Leitet und berichtet über das Chancen-und Risikomanagement (Identifizierung, Bewertung, Steuerung und Kontrolle von Maßnahmen) mit regelmäßigen Aktualisierungen (in Detail festzulegen: Frequenz & Berichtsvorlage).

- Verantwortet das Eskalationsmanagement: Benachrichtigung / Beteiligung des Leiters des PM und/oder Vertriebsleiters, falls eines der vereinbarten Ziele des Projekts gefährdet ist, z. B. mögliche negative Auswirkungen auf den Projekt-Profit, Vertrags-Zeitplan oder die gewünschte Projekt Qualität.

- Sorgt für die Projekt Administration entsprechend der bestehenden Regeln.

- Verantwortet die Beauftragung, Koordination, und Überwachung/Steuerung aller projektbeteiligten internen Organisationseinheiten.

- Verantwortet das Management von Unterauftragnehmern: Ausschreibung und Auftragsvergabe, Koordination und Überwachung.

Projekt Manager Befugnisse

Der PM/PL:

- Trifft selbstständig die notwendigen Entscheidungen (entsprechend der internen Regeln und Richtlinien), um eventuelle Verluste und Schäden für das Projekt und/oder die Abteilung (innerhalb der in dieser Vereinbarung festgelegten Schwellenwerte) zu verhindern/mildern.

- Kann Aufgaben delegieren, entsprechend der bestehenden Regeln und Richtlinien.

- Handelt und eskaliert selbstständig entsprechend der projektspezifischen Unterschriftsregelung & Schwellwertfestlegung.

- Darf funktionale Anweisungen geben und so die zugeordneten Projektmitarbeiter steuern.

- Hat die fachliche Weisungsbefugnis gegenüber den zugeordneten Projektmitarbeitern.

- Hat ein Mitspracherecht bei der Abstimmung von Abwesenheitsregelungen für die zugeordneten Projektmitarbeiter.

- Ist berechtigt auf die nächste Stufe zu eskalieren, falls der Leiter PM / Vertriebsleiter bei Eskalationen nicht innerhalb der vereinbarten Zeit-Toleranz antwortet.

- Ist berechtigt die Ergebnisse, Fähigkeiten und das Potenzial der zugeordneten Projektmitarbeiter zu beurteilen und mit dem zuständigen Vorgesetzten zu kommunizieren.

- Hat ein Vorschlagsrecht zur Organisation von Schulungen für Mitarbeiter im Rahmen des Projektes.

- Ist am Entscheidungsprozess zu beteiligen, falls Mitarbeiter andere Aufgaben außerhalb des Projekts zugewiesen werden sollen.

- Definiert die erforderliche Projektbesetzung und die benötigten Kompetenzen und ist am Auswahlprozess von Projektmitarbeitern zu beteiligen.

- Entscheidet selbstständig über Change Requests bis zu einer Höhe von xxx (in € festzulegen).

- Trifft selbstständige unternehmerische Entscheidungen, welche die Projektkosten direkt betreffen, bis zu einem Limit von xxx (in € festzulegen).

Leiter PM bzw. Leiter Sales Verantwortlichkeiten

Der Leiter PM bzw. Leiter Sales:

- Hat den PM/PL zur Projektausführung zu ermächtigen und befähigen.

- Hat dem PM/PL Teilverantwortung für die Dauer des Projektes zu übertragen, z.B. Verantwortung für das Projektresultat, Übertragung der fachlichen Weisungsbefugnis gegenüber den zugeordneten Projektmitarbeitern, Unterschriftsberechtigung.

- Nimmt teil an internen und externen Lenkungsausschüssen.

- Ist zur schnellen Entscheidungsfindung bei Problemen, Eskalationen und in Krisensituationen verpflichtet.

- Hat bei Eskalationen innerhalb des vereinbarten Zeitrahmens zu reagieren.

- Führt das übergeordnete Controlling/Monitoring, im Sinne der gesamten unternehmerischen Verantwortung.

- Definiert Strategien und kommuniziert diese zeitnah.

- Unterstützt den PM/PL mit allen verfügbaren Mitteln, insbesondere durch rechtzeitige Entscheidungsfindungen und Genehmigungen.

- Verantwortet die Festlegung und Genehmigung der Claim-Strategie und unterstützt die Durchsetzung von Ansprüchen gegen den Kunden und / oder Subunternehmer.

- Stellt die Qualifikation der zugeordneten Projektmitarbeiter sicher; entsprechend den Projektanforderungen.

- Stellt die notwendige Ausrüstung und die Räumlichkeiten für das Projekt zur Verfügung.

- Führt regelmäßig Projektstatus Besprechungen durch.

- Überwacht das Einhalten aller internen Richtlinien.

- Kommuniziert alle projektbezogenen Informationen umgehend mit dem PM/PL.

- Sorgt für die Analyse und Kommunikation der "Lessons Learned".

- Stellt sicher, dass dem PM/PL die erforderlichen Ressourcen zur Verfügung gestellt werden.

- Zum Projektabschluss: Der Leiter PM bzw. Leiter Sales entbindet & entlastet den PM/PL beim abschließenden Projektmeeting.

Leiter PM bzw. Leiter Sales Befugnisse

Der Leiter PM bzw. Leiter Sales:

- Ist Eskalationsstelle bei Überschreitung von Schwellenwerten für Budget, Unterzeichnung von Dokumenten, bzw. falls Zeitplan und Qualität bedroht sind.

- Bestimmt die interne Strategie und Prioritäten innerhalb des vorhandenen Projektportfolios.

- Kann jederzeit tagesaktuelle Informationen über Projektstatus verlangen.

- Ist berechtigt, wesentliche Änderungen bzgl. der Projekt-Ziele oder Projekt-Pläne zu genehmigen.

- Ist berechtigt Sitzungen des internen oder externen Lenkungsausschusses einzuberufen.

In dieser Vereinbarung sollten wichtige Dokumente sowie deren Status aufgeführt werden.

D.h. Dokumentenbeschreibung, vorhanden/nicht vorhanden, Dokumenten-bezeichnung/ -inhalt/ -speicherort.

Zu den folgenden Dokumenten sollte in der Zielvereinbarung auf jeden Fall der Status erfasst werden:

- Dokumentation

- Angebots- und Vertragsdokumente

- Kalkulationen & finanzielle Dokumente

- Projektplan

- Organisations Schema

- Chancen- & Risiko Analyse

- Claim Strategie

- Ggf. weitere Dokumente

Danach sind die Dokumente vom Projektmanager sowie dem Leiter PM bzw. Leiter Sales zu unterzeichnen:

Für die Ernennung:

"Die unterzeichnenden Parteien vereinbaren hiermit die Ernennung des PM/PL und bestätigen die hier beschriebenen funktionalen Kompetenzen und Verantwortlichkeiten des PM/PL."

Für die Abberufung:

"Die unterzeichnenden Parteien vereinbaren hiermit die Abberufung des PM/PL sowie die Beendigung der hier beschriebenen funktionalen Kompetenzen und Verantwortlichkeiten des PM/PL."

Was in den Projektplan gehört

Die Produkte

Alle vertraglich zu erbringenden Lieferungen und Leistungen, d.h. auch Zeichnungen, Berichte, Berechnungen und Modelle.

- Auch die zu bestimmten Meilensteinen bzw. Zwischenabnahmen zu liefernden Leistungen.

- Kundenbeistellungen und/oder wichtige Lieferungen und Leistungen Dritter.

Der Projektstrukturplan

Der Projektstrukturplan (work breakdown structure; WBS) ist eine Zerlegung des Gesamt-Projektes in überschaubare Teile. Die Zerlegung kann folgendermaßen vorgenommen werden, nach:

- **Organisationseinheiten**

  z.B.: Lenkung, Projektmanagement, Entwicklung, Engineering, Fertigung

- **Projektphasen/Funktionen**

  z.B.: Entwurf, Planung, Detailplanung, Test

- **Objekten/Produkten**

  z.B.: Motor, Getriebe, Elektronik

Das Projekt wird in jedem Fall vollständig beschrieben und hierarchisch geordnet. D.h. alle vertraglich zu erbringenden Lieferungen und Leistungen müssen aufgeführt werden. Dies ergibt nachstehende Struktur:

Gesamtprojekt -> Teilbereich -> Arbeitspakete je Teilbereich -> Aufgaben je Arbeitspaket.

Der Projektnetzplan

Dieser zeigt die Abhängigkeiten zwischen den Bereichen, Arbeitspaketen und Aktivitäten.

Wichtig ist, dass hier auch die Abhängigkeiten von Kundenbeistellungen und von Leistungen Dritter komplett aufgeführt werden.

Dies ist die Grundlage für eine gute Detail-Terminplanung, für das Monitoring und Controlling.

Der Projektzeitplan

Dieser Plan enthält den geplanten Startzeitpunkt sowie die relativen Fristen für einzelne Projektphasen, d.h. die Dauer eines Arbeitsschrittes in Abhängigkeit zu den anderen Schritten, Beistellungen und Entscheidungsprozessen.

Es handelt sich hierbei nicht um einen Detailterminplan, da den einzelnen Schritten keine konkreten Beginn- und Endzeitpunkte zugeordnet werden.

Der Projektorganisationsplan

Die Beziehungen zwischen Auftragnehmer und Auftraggeber, ggf. weiterer wichtiger Auftragnehmer des Kunden und Dritten, werden in diesem Plan dargestellt.

Hierzu gehört auch die Beschreibung der jeweiligen Rollen, Aufgaben und Kompetenzen, für z.B.:

- Projekt-Lenkungsausschuss

- Change Control Board (speziell bei Großprojekten)

- für Change Requests

- Projektleitung, Teilprojektleitung (internes Projektteam)

- Projektleiter, Teilprojektleiter (Kunden & Lieferanten)

- Projektsteuerung

Der Kommunikationsplan

Dieser Plan beschreibt die Kommunikationsstruktur (inkl. Projekt-berichterstattung und der Kommunikation bei evtl. Eskalationen).

Der Risiko Managementplan

Der Risikomanagementplan beschreibt, wie während der Projektausführung mit auftretenden Risiken umzugehen ist.

Zum Prozess gehört die Risikoidentifizierung, die Bewertung der Risiken, das Planen und Festlegen von Maßnahmen und die Überwachung der Wirksamkeit dieser Maßnahmen.

Dieser Plan beschreibt:

- Wie dieser Prozess abläuft.

- Wer für welchen Prozessschritt verantwortlich ist.

- Wer welche Prozessschritte ausführt.

- Wie, was an wen zu berichten ist.

- Wie oft der Prozess zur Risikoermittlung und -bewertung durchgeführt wird.

Der vertraglich vereinbarte Liefer- und Leistungsumfang

Dies beinhaltet die exakte Beschreibung der vom Auftragnehmer zu erbringenden Lieferungen und Leistungen und der Schnittstellen.

Hiermit entsteht eine Grundvoraussetzung für einen reibungslosen Ablauf, einvernehmliche Abnahmen, gute finanzielle Resultate und für das Forderungs- und Änderungsmanagement (Claim- und Change-Request-Management).

Die Leistungsbeschreibung definiert möglichst eindeutig, was, wann, wo, von wem, in welchem Umfang zu leisten ist und was außerhalb des vertraglichen Leistungsumfanges liegt. Der Schnittstellenbeschreibung/-abgrenzung kommt hierbei eine besondere Bedeutung zu, um spätere Missverständnisse, Verzögerungen und Mehrkosten zu vermeiden.

Die Dokumentation

Festzulegen ist:

- Dokumentationsumfang (technisch, organisatorisch).

- Medium der Dokumentation (Papier, spezielle Software, etc.).

- In welchem Ausmaß ist die Dokumentation bei welchen Anlässen zu überarbeiten?

- Sprache der Dokumentation; wer zahlt ggf. notwendige Übersetzungskosten?

Die Mitwirkungspflicht des Kunden / Auftraggebers

Die Verantwortung des Kunden für projektrelevante Zulieferungen Dritter ist zu dokumentieren.

Die Verantwortungen für eine Partei, die projektrelevante Leistungen, aber in keinem Vertragsverhältnis zum Auftragnehmer steht, kann nur vom Kunden übernommen werden.

Das sollte bereits im Vertrag als Beistellungspflicht aufgenommen sein. Falls dies nicht geschehen ist, sollte dies unbedingt separat vereinbart werden.

Auch sollten die Verantwortlichkeiten bzgl. der behördlichen Bewilligungen und Genehmigungen Dritter geklärt werden:

Der Auftragnehmer wird z.B. verpflichtet, die für die Abnahme bzw. den Betrieb erforderlichen Genehmigungen (Baugenehmigung, Betriebsanlagen-genehmigung, verkehrsbehördliche Genehmigungen, TÜV etc.) einzuholen.

Hier ist festzulegen, wer für welche Genehmigungen in welchem Ausmaß verantwortlich ist und wer in welchem Ausmaß mitzuwirken hat.

Eine bestehende Vereinbarung zur Mitwirkungspflicht des Kunden ist in kritischen Projektphasen hilfreich.

Die Konsequenzen (Rechte und Pflichten) bei Nichterfüllung der Beistellungs- und Mitwirkungspflicht des Kunden sind ebenfalls zu beschreiben.

Das Problem-/Fehlermeldeverfahren

Vor der Abnahme spricht man in der Regel von Problemen, danach von Fehlern.

Um den strukturierten Umgang mit Problemen/Fehlern sicher zu stellen, sollte folgendes festgelegt werden:

- Welche Probleme/Fehler werden wann, wie, von wem an wen gemeldet?

- Welche Informationen muss die Meldung minimal enthalten?

- Wie schnell hat die Antwort zu erfolgen?

- Welche Minimalanforderungen muss die Antwort erfüllen?

- Wie erfolgt die Problem-/Fehlerklassifizierung?

- In welchem Zeitraum ist von wem über das weitere Vorgehen zu entscheiden?

- Wie schnell sind Probleme/Fehler zu beheben (siehe Fehlerklasse)?

- Wann wird wie eskaliert?

- Wie und in welchem Format wird die Fehlerliste aufgebaut, verwaltet und verteilt?

- Wie und von wem werden Abmeldung, Freigabe und Dokumentation der erledigten Probleme/Fehler in der Fehlerliste durchgeführt?

- Wie und von wem wird der Grad der Erledigung festgestellt und dokumentiert?

- Welche Konsequenzen entstehen bei nicht rechtzeitiger Behebung/Meldung von Problemen/Fehlern?

Beispiel für die Definition der Fehlerklassen

Fehlerklasse 1: Kritische Fehler

Die zweckmäßige Nutzung eines Teiles des Systems ist nicht möglich oder unzumutbar eingeschränkt. Der Fehler hat schwerwiegenden Einfluss auf die Geschäftsprozesse und/oder Sicherheit.

Fehlerklasse 2: Schwere Fehler

Die zweckmäßige Nutzung eines Teiles des Systems ist schwer eingeschränkt. Der Fehler hat wesentlichen Einfluss auf die Geschäftsprozesse und/oder Sicherheit, der Prozess kann weiterhin durchgeführt werden.

Fehlerklasse 3: Leichte Fehler

Die zweckmäßige Nutzung eines Teiles des Systems ist leicht eingeschränkt. Der Fehler hat unwesentlichen Einfluss auf die Geschäftsprozesse und/oder Sicherheit, der Prozess kann uneingeschränkt durchgeführt werden.

Fehlerklasse 4: Triviale Fehler

Die zweckmäßige Nutzung des Systems ist ohne Einschränkung möglich. Der Fehler hat keinen oder nur geringfügigen Einfluss auf die Geschäftsprozesse und/oder Sicherheit, d.h. Schönheitsfehler oder Fehler, für die eine einfache Problemumgehung (Workaround) besteht.

Dazu wird z.B. folgendes vereinbart:

- **Kritische Fehler** verhindern die Abnahme.

- **Schwere Fehler** verhindern die Abnahme für die Teilbereiche, in denen diese Fehler bestehen.

- **Leichte Fehler** verhindern die Abnahme nicht; die protokollierten Restpunkte werden im Rahmen der Gewährleistung erledigt.

- **Triviale Fehler** verhindern die Abnahme nicht.

Die Abnahme

Durch die (Teil-)Abnahme bescheinigt der Auftraggeber/Kunde dem Auftragnehmer/PL/PM die ordnungsgemäße Erbringung der vertraglich vereinbarten Lieferungen und Leistungen.

Durch die (Teil-)Abnahme findet der Gefahrenübergang auf den Auftraggeber statt und startet die Gewährleistungsphase.

Zudem kann üblicherweise dann die (Teil-)Schlussrechnung gestellt werden.

Dabei zahlt es sich aus, über eine gute und aktuelle Leistungsbeschreibung/-abgrenzung zu verfügen, da hierdurch eine objektive Überprüfung während der Abnahme erleichtert wird.

Ablauf und Inhalt der Abnahmen sollten frühzeitig vereinbart werden.

Damit wird festgelegt, anhand welcher Dokumente und mit welchen Verfahren die Überprüfung der Lieferungen und Leistung zu erfolgen hat, welche Kriterien erfüllt sein müssen und unter welchen Voraussetzungen Rechnungen gestellt werden können.

Ablauf:

- Der Auftragnehmer meldet dem Auftraggeber schriftlich, dass die Abnahme erfolgen kann.

- Innerhalb einer festgelegten Frist sollte nun die Abnahme erfolgen.

- Für den Fall, dass die Abnahme nicht stattfindet, ist ebenfalls eine Regelung zu treffen.

Beispiel:

Es wird eine Frist festgelegt, innerhalb derer der Auftraggeber die Abnahme durchführen muss.

Geschieht dies nicht und wird dies vom Auftraggeber verursacht, dann sollten die Lieferungen und Leistungen als abgenommen gelten.

Gleiches sollte auch gelten, sobald der Auftraggeber die erbrachten Lieferungen und Leistungen, ggf. über einen festgelegten Zeitraum hinaus, nutzt.

Auch wenn er noch nicht bzw. noch nicht vollständig bezahlt hat.

Darüber hinaus wird deutlich beschrieben, aus welchen Gründen und in welchen Situationen eine Abnahme als gescheitert zu betrachten bzw. zu wiederholen ist.

Es kann hier z.B. auch konkret festgelegt werden, dass bestimmte Mängel, welche z.B. die Funktion nicht beeinträchtigen, nicht zur Verweigerung der Abnahme berechtigen.

Diese Mängel werden dann z.B. in der Gewährleistungsphase beseitigt.

Für die Abnahme wird ein zuvor festgelegtes Protokollformular verwendet, ggf. auch ein Fehlerprotokoll.

Vorteilhaft für den Auftragnehmer ist die vertragliche Vereinbarung, dass bei jeder zwischenzeitlichen Teilabnahme der Gefahrenübergang und der Start der Gewährleistungsphase für die abgenommenen Teilleistungen stattfinden.

Derartige Regelungen sollten frühzeitig, am besten bereits im Vertrag, vereinbart werden.

Eine spätere Diskussion über das Verfahren, die Rechte und Pflichten führt häufig zu unerwünschten Verzögerungen und Verstimmungen.

Rechtliche und finanzielle Aspekte

Die Haftung sollte vertraglich begrenzt und für bestimmte Schäden ausgeschlossen werden, da ansonsten eine unbegrenzte gesetzliche Haftung eintritt.

Für Personenschäden und bei Vorsatz ist allerdings keine Begrenzung möglich. Folgende Klausel zur Abgrenzung kann z.B. verwendet werden:

"Weitergehende als die in diesen (Allgemeinen) Vertragsbedingungen genannten Gewährleistungs- und Schadenersatzansprüche des Auftraggebers - gleich aus welchem Rechtsgrund - sind ausgeschlossen, soweit nicht z.B. wegen Vorsatzes oder vom Auftraggeber nachgewiesener grober Fahrlässigkeit zwingend gehaftet wird."

Auch sollte festgelegt werden, wie mit zusätzlichen Leistungen, Nachträgen und vom Auftraggeber verursachten Verzögerungen umgegangen werden soll.

Grundsätzliche Fragen, wie Vergütung nach Aufwand oder als Festpreis, sind anhand einer Risikoanalyse zu beurteilen.

Die Festpreisvariante empfiehlt sich nur, falls die Leistungen gut definiert, abgegrenzt und exakt kalkuliert sind.

Ansonsten müssen entsprechende Risikozuschläge in den Festpreis eingerechnet werden.

Falls möglich, sollte ein Zahlungsplan mit vorab festgelegten Fixterminen sowie eine Anzahlung vereinbart werden.

Auch die Zahlungsfristen sind wichtig, sowie die Rechte des Auftragnehmers bei Zahlungsverzug des Auftraggebers (z.B. Recht auf Einstellung der Arbeiten, Kündigung, sofortige Fälligstellung aller Zahlungen für bereits erbrachte Lieferungen und Leistungen, etc.).

Kündigungsgründe und Fristen sind ebenfalls festzuhalten, auch die Definition und Folgen der Auswirkungen von höherer Gewalt.

Wichtige Anlagen

(ggf. nur Auftrag & Auftragsbestätigung):

Bereits im Vertrag sollten alle Anlagen vollständig aufgelistet sein und die Geltungshierarchie/Rangfolge der Dokumente eindeutig festgelegt werden.

Mit den vorgenannten Dokumenten sind die wichtigsten Strukturen für den Projekt-Start und einen erfolgreichen Projekt-Verlauf festgelegt.

Mit dem Projektplan wird für alle Beteiligten und Betroffenen eine Grundlage für das gemeinsame Verständnis bzgl. des Projektes geschaffen.

D.h. :

- Die Projektziele können gut kommuniziert werden.

- Die Interessen der Betroffenen und Beteiligten sind erfasst und können gut verstanden werden.

- Die dazugehörigen Vereinbarungen können getroffen und die notwendigen Maßnahmen können einleitet werden.

Die Stakeholder-Analyse

Eine bereits vorliegende Stakeholderanalyse sollte regelmäßig aktualisiert werden.

Falls noch keine Stakeholderanalyse vorliegt, sollte diese umgehend durchgeführt werden. Schließlich sind die Erkenntnisse aus der Stakeholderanalyse wichtige Eingangsgrößen für die Projekt-Zielvereinbarung und die Risikoanalyse.

So können auf Grundlage einer Stakeholderanalyse, bei der Diskussion bzgl. der fest zu schreibenden Projektziele, eine bessere Bewertung und Unterscheidung zwischen Wunsch-Zielen und Haupt-Zielen durchgeführt werden.

Da die Zielerreichung von der Unterstützung der Stakeholder abhängig ist und sowohl die Dauer für das Erreichen der Ziele als auch die Ziele selbst realistisch sein müssen, kann eine fehlende oder falsche Stakeholderanalyse sich im Nachhinein als Ursache für das Scheitern eines Projektes herausstellen.

In der Stakeholderanalyse geht es darum zunächst einmal die Stakeholder zu identifizieren, welche einen bedeutsamen Einfluss auf das Erreichen der gewünschten Projektresultate haben bzw. haben können.

Danach ist zu analysieren, welche Interessen diese Stakeholder haben und welche Abweichungen zwischen diesen Interessen und den Projektzielen ggf. bestehen oder entstehen können.

Hier geht es nicht um eine schnelle, oberflächliche und gefühlsmäßige Abschätzung des Projektleiters, der eine Einteilung in positiv oder negativ vornimmt, sondern um eine konkrete Erfassung und Analyse von Fakten, Statements und die Diskussion mit den Stakeholdern selbst, den Projektbeteiligten und weiteren Personen, die Auskunft bzgl. der Stakeholderinteressen liefern können.

Aus der Analyse lässt sich dann entnehmen, welche Ziele möglicherweise auf Widerstand und welche auf Unterstützung bei welchen Stakeholdern stoßen können. Außerdem kann identifiziert werden, um welche Stakeholder man sich kümmern sollte:

- Wen sollte man auf jeden Fall für die Projektziele begeistern, d.h. wer kann aufgrund seines Einflusses einen Beitrag dazu leisten, dass die Projektziele erreicht werden.

- Bei wem sollte man auf jeden Fall dafür sorgen, dass Bedenken und Widerstand abgebaut werden, damit es hierdurch nicht zum Scheitern des Projektes kommt.

Die Stakeholderanalyse liefert eine Bewertung darüber, bei wem das größte Unterstüzungs- bzw. Widerstandspotential zu erwarten ist.

Abhängig von den eventuellen Auswirkungen auf die Projektziele wird in der Stakeholderanalyse festgelegt, ob und welche Maßnahmen bzgl. einzelner Stakeholder durchzuführen sind.

Auch gilt es zu entscheiden welche Erkenntnisse aus der Stakeholderanalyse in die Chancen und Risikoanalyse übernommen werden.

Hier wird dann auch der dazugehörige finanzielle Einfluss auf das Projekt-resultat und die Eintrittswahrscheinlichkeit bewertet sowie evtl. Maßnahmen und deren Überwachung festgelegt.

Eine einfache Tabellenübersicht genügt für die Erfassung und Analyse der Stakeholder.

Hier müssen keine langen Texte erfasst werden, es geht hier allein um eine Übersicht.

Wichtig ist:

- Alle relevanten Stakeholder werden erfasst.

- Die Hauptinteressen der Stakeholder (welche für das Projektresultat relevant ist) werden ermittelt und beschrieben und die Bedeutung bzgl. des Projektes wird beurteilt.

- Es wird angegeben, wie der Stakeholder Einfluss nehmen kann und es wird beurteilt, welches Gewicht diesem Einfluss zugeordnet werden kann.

Hieraus ergibt sich dann eine Bewertung der wichtigsten Stakeholder, als Produkt aus Bedeutung und Gewicht des Einflusses.

Für jeden Einzelnen Stakeholder können dann entsprechende Aktionen festgelegt werden.

Für den Fall, dass einzelne Stakeholder in der Lage sind besondere Chancen oder Risiken für das Projektresultat zu erwirken, sollte dies in die Chancen- und Risikoanalyse übernommen werden.

Die Aktionen bzgl. dieser Stakeholder werden dann auch in entsprechende Aktionslisten übernommen, dort überwacht und in das regelmäßige Statusreporting übernommen.

So ist gewährleistet, dass wichtige Erkenntnisse und Aktionen, die aus der Stakeholderanalyse resultieren, einer kontinuierlichen Überprüfung und Fortschreibung (z.B. einmal pro Woche) unterliegen.

Die Stakeholderanalyse selbst kann in größeren Abständen (z.B. einmal im Quartal) aktualisiert werden.

Projektname	**Musterprojekt in Musterhausen**					Datum	xx.xx.xxxx		**P** PROFI
Telefon	**+49 xxxxxxxxxx xxxxxxxx**					E-Mail			
Projektleiter	**Max Mustermann**					Projektnummer		**xxxxxxxxxxx**	

	high								
	medium								
	low								

Stakeholder Name	Bewertung	Stakeholder Funktion	Stakeholder Hauptinteresse	Stakeholder Bedeutung	Einfluss Beschreibung	Einfluss Gewicht	Aktion	Verant wortlich	Bis
	48			8		6			
	54			9		6			
	70			10		7			
	20			5		4			

48

Die Chancen- & Risikoanalyse

Risiken sind Umstände, wodurch sich die gewünschten Resultate nicht oder nicht vollständig realisieren lassen.

Je eher Risiken identifiziert und beurteilt werden, desto früher können Maßnahmen eingeleitet werden, um die Wahrscheinlichkeit des Risikoeintritts bzw. die Auswirkungen des Risikos zu vermeiden bzw. zu verringern.

Um bestmögliche Resultate bei der Identifizierung der Risiken zu erreichen, sollten die wichtigsten Stakeholder und Experten an diesem Prozess beteiligt werden. Es empfiehlt sich hierfür einen Workshop durchzuführen.

Die Risiken werden hierbei gruppiert,

z.B. grundsätzlich in interne und externe Risiken und in:

- Prozess

- Personal

- Finanzen

- Produkte / Systeme

- Zulieferer

- Projektumfeld

- Gesetze / Vorschriften

- Wettereinflüsse

- Streiks

- etc.

Danach gilt es die Wahrscheinlichkeit des Risikoeintritts sowie das Ausmaß zu beurteilen. Falls keine Erfahrungen vorliegen bzw. keine einfache Berechnung möglich ist, können hier Expertenschätzungen herangezogen werden.

Das finanzielle Ausmaß wird immer als ein finanzieller Einfluss auf den Projektprofit angegeben.

D.h. die zugehörige Frage lautet:

- Um wie viel Euro verschlechtert sich das Projektresultat, falls das identifizierte Risiko zu 100% eintritt ?

Zusammen mit der jeweiligen Eintrittswahrscheinlichkeit des Risikos ergibt sich ein aktueller Wert für alle Risiken.

Der nächste Schritt besteht darin, sich einzelne Risiken genauer anzusehen und zu entscheiden, ob die Risiken akzeptiert werden oder ob Maßnahmen zur Risikovermeidung /-verlagerung /-reduzierung eingeleitet werden sollen.

Hierbei sind die Aufwendungen für evtl. Maßnahmen auch zu bewerten, um die Wirtschaftlichkeit einzelner Maßnahmen beurteilen zu können.

Es wird in der Regel nicht das Ziel sein, ein 50.000€ Projektrisiko durch zusätzliche Aufwendungen von 100.000€ abzuwenden.

Im umgekehrten Sinn gilt dies auch für Chancen, die sich im Zusammenhang mit dem Projekt ergeben. Auch diese sind zu identifizieren und zu bewerten.

Für die Chancen ist zu überlegen, ob und durch welche Maßnahmen ein positiver Einfluss auf das Projektresultat erhöht werden kann.

Und auch hier ist die Wirtschaftlichkeit der möglichen Maßnahmen zu beurteilen.

Die Ergebnisse sollten in einer Übersicht zusammengefasst werden.

Projektabhängig ist auch festzulegen, in welchen zeitlichen Abständen diese Übersicht zu aktualisieren ist.

Sowohl die resultierenden Chancen, als auch die Risiken, sind entsprechend in das Projektbudget aufzunehmen.

Die zugehörigen Maßnahmen, Verantwortlichen und der Status der Aktionen, können sowohl in der Übersicht als auch in einer separaten Aktionsliste überwacht werden.

Zur besseren Übersicht empfiehlt es sich, die Chancen und Risiken nach der Erfassung auch noch in einer Graphik darzustellen.

Projektname: Musterprojekt			Projektleiter: Max Mustermann			PM PROFI
Projektnr.: xxxxxxxx			Telefon: +49 xxxxx xxxxxxxx			
Datum: xx.xx.xxxx			E-Mail:			
Risiken	Risiko-beschreibung	Wahrschein-lichkeit %	Auswirkung in €	Maßnahmen-beschreibung	Kosten der Maßnahmen in €	Risiko nach Maßnahmen in €
1. Kategorie						
Risiko 1						
Risiko 2						
Risiko 3						
2. Kategorie						
Risiko 1						
Risiko 2						
3. Kategorie						
Risiko 1						
Risiko 2						
Chancen	Chancen-beschreibung	Wahrschein-lichkeit %	Auswirkung in €	Maßnahmen-beschreibung	Kosten der Maßnahmen in €	Chancen nach Maßnahmen in €
1. Kategorie						
Chance 1						
Chance 2						
2. Kategorie						
Chance 1						
Chance 2						
Chance 3						
3. Kategorie						
Chance 1						
Chance 2						
Summe Risiken			€		€	€
Summe Chancen			€		€	€
Gesamt			€		€	€

Projekt Kick-Off Meeting

Voraussetzung für einen erfolgreichen Projektstart ist ein gut abgestimmter und freigegebener/genehmigter Projektplan.

Alle Projektteilnehmer müssen diesen Projektplan kennen, verstehen, sich mit dessen Inhalten/Zielen identifizieren und eine klare und eindeutige Vorstellung von den sich hieraus ergebenden Rollen, Verantwortlichkeiten und Befugnissen haben.

Um ein Commitment aller Beteiligten zu erreichen, sind sowohl Gruppen-veranstaltungen als auch Einzelgespräche, in denen die persönlichen Ziele besprochen werden, sinnvoll.

Es gilt dabei nicht nur zu erreichen, dass jeder seine eigene Rolle begreift, sondern auch die Rollen aller anderen.

Ansonsten kann es später zu Missverständnissen darüber kommen, wer was wann und wie benötigt bzw. liefert.

Zum frühestmöglichen Zeitpunkt sollte deshalb ein Projekt-Kick-Off-Meeting organisiert werden.

Hier kann ein -zu diesem Zeitpunkt evtl. nur in Grobfassung- vorliegender Projektplan gemeinsam weiter ausgearbeitet werden.

Je nach Umfang und Komplexität des Projektes, kann dieses Meeting für eine oder mehrere Stunden, bzw. als ganz- oder mehrtägiger Workshop durchgeführt werden.

Rechtzeitig vor Beginn des Workshops, sollten alle Teilnehmer die wichtigsten Projekt-Dokumente zur eigenen Vorbereitung erhalten.

Darüber hinaus können so Fragen und Wünsche der Kick-Off Teilnehmer vorab geklärt und im Meeting entsprechend berücksichtigt werden.

Zielsetzung des Kick-Off-Meetings:

- Kennenlernen der Projektteam-Mitglieder.

- Gemeinsames Verständnis der Projektinhalte und des Projektumfeldes.

- Gemeinsames Verständnis und Commitment bzgl. der Projektzielsetzungen.

- Gemeinsames Verständnis und Commitment bzgl. der Rollen aller Teammitglieder.

- Commitment zu den Projektspielregeln.

Ergebnisse des Kick-Off-Meetings:

- Ziele, Inhalte, Termine, Verantwortlichkeiten etc. sind mit allen Beteiligten abgestimmt.

- Offene Fragen wurden beantwortet.

- Kritische Punkte wurden ausgeräumt.

- Die Grobplanung wurde einvernehmlich weiter konkretisiert.

- Die Regeln der Zusammenarbeit wurden von allen akzeptiert und festgelegt.

- Die Basis für eine erfolgreiche Teamarbeit wurde geschaffen.

Agenda für das Kick-Off-Meeting:

- Begrüßung durch Auftraggeber bzw. Projektleiter.

- Vorstellungsrunde: Jeder Teilnehmer stellt sich vor und erläutert seine Erwartungen.

- Vorstellung des Projektes: strategische Bedeutung, Projektziele, Vorgehensweise.

- Arbeitsteams, Aufgabenpakete, Zeitpläne / Milestones.

- Zusammenarbeit im Team, Reporting, Rollenverteilung, Verantwortlichkeiten und Befugnisse.

- Mini-Workshops in Teilteams: Aufgabenstrukturierung, Kommunikationsgestaltung im Projektteam, Umgang mit schwierigen Situationen.

- Ausblick auf Termine und erste Schritte nach dem Meeting.

- Eventuell ein gemeinsames Event zum persönlichen Kennenlernen.

Schlusswort

Je besser die Abstimmung mit allen Stakeholdern erfolgt, umso reibungsloser wird die Realisierung der Projektziele verlaufen.

Ein möglichst breites Commitment der Beteiligten ist eine gute Grundlage für eine erfolgreiche Realisierung.

Analytisches Vorgehen, gesunder Menschenverstand, Erfahrung und Menschenkenntnis, gegenseitiges Vertrauen, offene, ehrliche und deutliche Kommunikation sind Elemente, die im täglichen Projektverlauf gefordet sind.

Die sich nun anschließende **Realsisierungsphase** wird in Kürze in einem separaten Band behandelt.

Ich wünsche Ihnen Viel Erfolg bei der Vorbereitung Ihrer Projekte !

Für Fragen und Anregungen bin ich sehr dankbar.

Auch wenn Sie bestimmte Dokumente bzw. Checklisten von mir haben möchten, können Sie gerne über meine Homepage Kontakt mit mir aufnehmen:

http://www.pm-profi.de

Andreas Ketter, Juni 2013

www.ingramcontent.com/pod-product-compliance
Lightning Source LLC
Chambersburg PA
CBHW080721220326
41520CB00056B/7362